1 たし算を しましょう。　　　　　【1もん 5てん】

| 1 | 2 | 3 | 4 | 5 | 6 | 7 | 8 | 9 | 10 |

① $3 + 1 =$

② $4 + 1 =$

③ $5 + 1 =$

④ $3 + 2 =$

⑤ $3 + 3 =$

⑦ $2 + 4 =$

⑧ $3 + 4 =$

⑨ $3 + 5 =$

⑩ $4 + 5 =$

うらの もんだいも がんばろう。

2 答えが 10に なるように □に 数を 書きましょう。

【1もん 4てん】

① 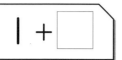 $1 + \boxed{}$

② 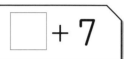 $\boxed{} + 7$

③  $5 + \boxed{}$

④ 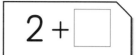 $2 + \boxed{}$

⑤ 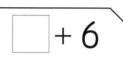 $\boxed{} + 6$

たして 10に なる 数を おぼえて いるかな?

3 たし算を しましょう。

【1もん 5てん】

① $6 + 2 =$

② $5 + 3 =$

③ $6 + 4 =$

④ $8 + 2 =$

⑤ $2 + 7 =$

⑥ $5 + 5 =$

月　日

てん

1 たし算を　しましょう。　　　【1もん　5てん】

① $9 + 1 =$

② $9 + 2 =$

③ $8 + 2 =$

④ $8 + 3 =$

⑤ $9 + 3 =$

⑥ $7 + 3 =$

⑦ $7 + 4 =$

⑧ $9 + 4 =$

⑨ $8 + 4 =$

⑩ $7 + 5 =$

9と　1で　10, 8と　2で　10
7と　3で　10　だったね。

2 答えが 同じ カードを ・―・ で むすびまし
ょう。

8 + 3 ・	・ 9 + 2
9 + 3 ・	・ 8 + 5
7 + 6 ・	・ 7 + 5

3 たし算を しましょう。

① 8 + 3 =　　　　④ 9 + 4 =

② 7 + 4 =　　　　⑤ 8 + 5 =

③ 9 + 5 =　　　　⑥ 9 + 3 =

> おわったら 答えあわせを して,
> まちがえた ところは なおしを しよう！

1 たし算を しましょう。 【1もん 5てん】

① 6 + 4 =

② 6 + 5 =

③ 6 + 6 =

④ 5 + 5 =

⑤ 5 + 7 =

⑥ 5 + 9 =

⑦ 4 + 6 =

⑧ 4 + 8 =

⑨ 5 + 8 =

⑩ 4 + 9 =

くり上がる たし算だね。
うらも がんばろう。

2 答えが 同じ カードを ・——・ で むすびまし
ょう。

【ぜんぶ できて 20てん】

6 + 7	・	・	8 + 3
5 + 7	・	・	9 + 4
4 + 7	・	・	6 + 6

3 たし算を しましょう。

【1もん 5てん】

① 3 + 7 =   ④ 5 + 8 =

② 6 + 7 =   ⑤ 4 + 8 =

③ 6 + 6 =   ⑥ 5 + 9 =

たして，10と いくつに なるかを 考えよう。

月　日

てん

1　たし算を　しましょう。

【1もん　5てん】

① $6 + 6 =$

② $7 + 6 =$

③ $7 + 7 =$

④ $8 + 6 =$

⑤ $9 + 6 =$

⑥ $8 + 7 =$

⑦ $9 + 7 =$

⑧ $8 + 8 =$

⑨ $9 + 8 =$

⑩ $7 + 9 =$

うらも　つづけて　やろう！

2 たし算を しましょう。 【1もん 5てん】

① 10＋2 ＝

② 12＋2 ＝

③ 14＋2 ＝

④ 13＋3 ＝

⑤ 15＋4 ＝

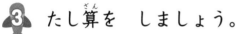

3 たし算を しましょう。 【1もん 5てん】

① 10＋10＝

② 20＋20＝

③ 50＋20＝

④ 30＋40＝

⑤ 60＋30＝

十のくらい どうしを
たすんだよ。

1 □に あう 数を 書き, ひっ算を しましょう。

【□1つ 4てん】

① 4 + 2 = □

〔ひっ算〕

ひっ算では,
くらいを
たてに
そろえて
書くよ。

一のくらい

```
  4
+ 2
─────
```

② 9 + 3 = □□

〔ひっ算〕

十のくらいに
1を
くり上げよう。

十のくらい 一のくらい

```
    9
+   3
─────
```

③ 14 + 2 = □□

〔ひっ算〕

十のくらい 一のくらい

```
  1 4
+   2
─────
```

ひっ算では, 一のくらいから
じゅんに 計算するよ。

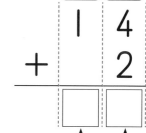
❷十のくらいは 1を おろす。
❶一のくらいは 4+2

※ 9 ※

2 ひっ算で　しましょう。　　　　　　　【1もん　8てん】

① 12+3　　　② 16+3　　　③ 6+13

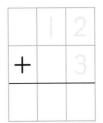　　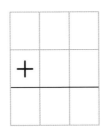　　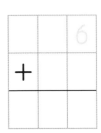

 3 ひっ算を　しましょう。　　　　　　　【1もん　6てん】

①　　7
　＋　4

②　　10
　＋　4

③　　6
　＋　9

④　　17
　＋　1

⑤　　14
　＋　5

⑥　　6
　＋12

くらいを　たてに　そろえて，　くらいごとに　計算するよ。
まちがえた　ところは　なおしを　しよう。

☀ **10** ☀

6 くり上がりの ない 2けたの たし算

月 日

てん

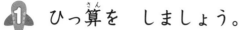

1 ひっ算を しましょう。

【1もん 10てん】

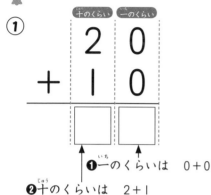

①
```
  十のくらい 一のくらい
      2      0
  +   1      0
  ─────────────
  [  ] [  ]
```
❶一のくらいは 0+0
❷十のくらいは 2+1

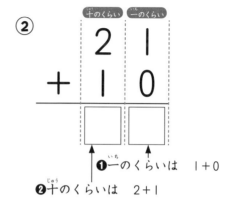

②
```
  十のくらい 一のくらい
      2      1
  +   1      0
  ─────────────
  [  ] [  ]
```
❶一のくらいは 1+0
❷十のくらいは 2+1

> ひっ算では, くらいを たてに そろえて 書き,
> 一のくらいから, くらいごとに 計算するよ。

2 ひっ算を しましょう。

【1もん 10てん】

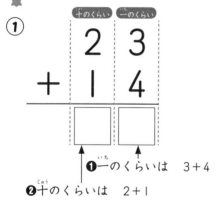

①
```
  十のくらい 一のくらい
      2      3
  +   1      4
  ─────────────
  [  ] [  ]
```
❶一のくらいは 3+4
❷十のくらいは 2+1

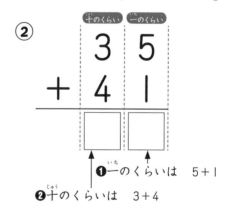

②
```
  十のくらい 一のくらい
      3      5
  +   4      1
  ─────────────
  [  ] [  ]
```
❶一のくらいは 5+1
❷十のくらいは 3+4

> くり上がりの ない たし算は,
> くらいごとに 計算するよ。

☀ 11 ☀

③ ひっ算を しましょう。

①　　24
　　+10

②　　29
　　+10

③　　45
　　+10

④　　40
　　+10

⑤　　70
　　+10

⑥　　30
　　+20

⑦　　50
　　+40

⑧　　20
　　+70

⑨　　22
　　+11

⑩　　31
　　+16

⑪　　32
　　+24

⑫　　41
　　+48

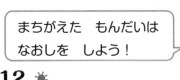

まちがえた もんだいは
なおしを しよう！

1 18＋2を ひっ算で します。□に あう 数を 書きましょう。

【1もん 8てん】

① くらいを そろえて 書く。

② 一のくらいを 計算する。

③ 十のくらいを 計算する。

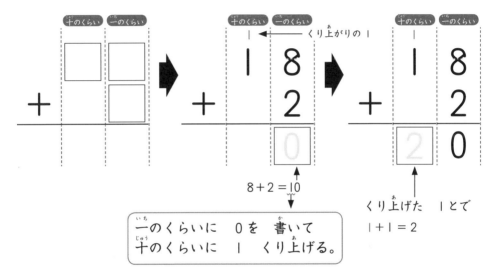

くり上がりの 1

8＋2＝10

一のくらいに 0を 書いて
十のくらいに 1 くり上げる。

くり上げた 1とで
1＋1＝2

2 ひっ算を しましょう。

【1もん 8てん】

①
```
   1 8
 + 4
  □ 2
```

②
```
   1 5
 + 5
  □ □
```

3 ひっ算で しましょう。

① 18+3

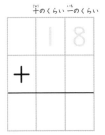

十のくらい 一のくらい

② 16+5

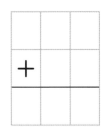

③ 6+15

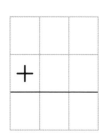

4 ひっ算を しましょう。

①
```
   1 9
+  2
```

③
```
   1 7
+  5
```

⑤
```
   1 4
+  7
```

②
```
   1 2
+  8
```

④
```
   1 8
+  4
```

⑥
```
   1 6
+  7
```

十のくらいに 1 くり上がる 計算だよ。
くり上がった 1 を わすれないように！

☀ **14** ☀

① ひっ算を しましょう。

【1もん 10てん】

①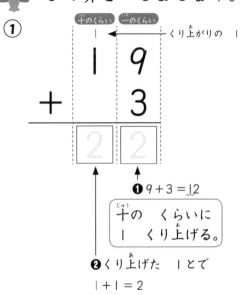

十のくらい　一のくらい

くり上がりの 1

```
    1  9
+      3
────────
    2  2
```

❶ 9＋3 ＝ 12

十の くらいに
1 くり上げる。

❷ くり上げた 1 とで
1 ＋ 1 ＝ 2

②

十のくらい　一のくらい

```
    2  9
+      3
────────
```

❶ 9＋3 ＝ 12

❷ 1 ＋ 2 ＝ 3

③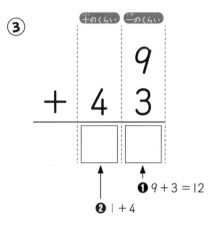

十のくらい　一のくらい

```
       9
+   4  3
────────
```

❶ 9＋3 ＝ 12

❷ 1 ＋4

④
```
    3 8
+     2
```

⑤
```
    4 7
+     4
```

くり上がりの 1 を
わすれないように！

☀ **15** ☀

2 ひっ算を しましょう。 【1もん 5てん】

① 28
　+　4
____

② 22
　+　9
____

③ 26
　+　7
____

④ 37
　+　4
____

⑤ 48
　+　8
____

⑥ 55
　+　8
____

⑦ 86
　+　6
____

⑧ 　4
　+57
____

⑨ 　7
　+47
____

⑩ 　6
　+78
____

1 けた＋2 けたに なっても、
ひっ算の しかたは 同じだよ。
一のくらい, 十のくらいの
じゅんに 計算を しよう。

1 ひっ算を しましょう。

【1もん 8てん】

①
十のくらい 一のくらい

くり上がりの 1

```
  1 9
+ 1 4
  3 3
```

❶ 9＋4 = 13

十の くらいに
1 くり上げる。

❷ くり上げた 1 とで
1＋1＋1 = 3

②
十のくらい 一のくらい

```
  2 9
+ 1 4
```

❶ 9＋4
❷ 1＋2＋1

③
```
  1 5
+ 1 5
```

④
```
  2 5
+ 1 5
```

⑤
```
  1 7
+ 1 5
```

くり上がりを
わすれないでね！
うらの もんだいも
がんばって！

2 ひっ算を　しましょう。　　　　　【1もん　5てん】

① 14
　+ 6

② 14
　+16

③ 16
　+16

④ 13
　+17

⑤ 18
　+11

⑥ 18
　+12

⑦ 18
　+13

⑧ 28
　+13

⑨ 17
　+14

⑩ 15
　+17

⑪ 15
　+27

⑫ 29
　+16

まちがえた　もんだいは
もういちど　やりなおして　みよう！

10 2けた ＋ 2けた ②

月 日

てん

1 ひっ算を しましょう。 【1もん 5てん】

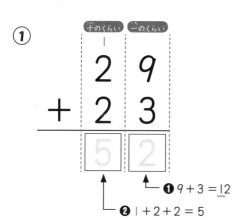

① 十のくらい 一のくらい

$$\begin{array}{r} 2\,9 \\ +\ 2\,3 \\ \hline 5\,2 \end{array}$$

❶ 9＋3＝12

❷ 1＋2＋2＝5

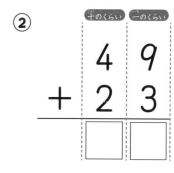

② 十のくらい 一のくらい

$$\begin{array}{r} 4\,9 \\ +\ 2\,3 \\ \hline \square\ \square \end{array}$$

2 ひっ算を しましょう。 【1もん 5てん】

①
$$\begin{array}{r} 2\,4 \\ +\ \ 8 \\ \hline \end{array}$$

③
$$\begin{array}{r} 2\,4 \\ +\,1\,8 \\ \hline \end{array}$$

⑤
$$\begin{array}{r} 3\,4 \\ +\,2\,8 \\ \hline \end{array}$$

②
$$\begin{array}{r} 5\,4 \\ +\ \ 8 \\ \hline \end{array}$$

④
$$\begin{array}{r} 5\,4 \\ +\,1\,8 \\ \hline \end{array}$$

⑥
$$\begin{array}{r} 4\,8 \\ +\,2\,4 \\ \hline \end{array}$$

3 ひっ算を しましょう。　　　　　　　【1もん 5てん】

① 　26
　 ＋15

② 　36
　 ＋15

③ 　36
　 ＋25

④ 　56
　 ＋15

⑤ 　28
　 ＋ 7

⑥ 　28
　 ＋17

⑦ 　28
　 ＋27

⑧ 　18
　 ＋47

⑨ 　13
　 ＋17

⑩ 　23
　 ＋27

⑪ 　39
　 ＋19

⑫ 　59
　 ＋29

くり上げた 1を
わすれないように ちゅういしてね。

1 ひっ算を しましょう。

【1もん 4てん】

① 13
+14

② 24
+15

③ 34
+53

④ 20
+40

⑤ 29
+11

⑥ 36
+14

⑦ 42
+28

⑧ 19
+43

⑨ 55
+18

⑩ 16
+57

くり上がりを わすれずに
ていねいに 計算しよう！

2 ひっ算を　しましょう。

① 　66
　　+12

② 　66
　　+14

③ 　66
　　+15

④ 　66
　　+26

⑤ 　27
　　+14

⑥ 　27
　　+24

⑦ 　37
　　+24

⑧ 　32
　　+39

⑨ 　45
　　+25

⑩ 　57
　　+27

⑪ 　26
　　+58

⑫ 　39
　　+59

> たして　100までの　計算は
> これで　おわりだよ。
> よく　がんばったね！

1 ひっ算を しましょう。

【1もん 5てん】

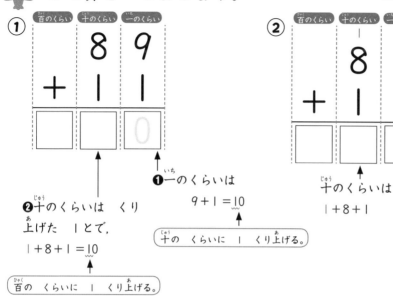

①

百のくらい	十のくらい	一のくらい
	8	9
＋	1	1
		0

❶一のくらいは
$9+1=10$

十の くらいに 1 くり上げる。

❷十のくらいは くり
上げた 1とで,
$1+8+1=10$

百の くらいに 1 くり上げる。

②

百のくらい	十のくらい	一のくらい
	8	9
＋	1	2
		1

十のくらいは
$1+8+1$

2 ひっ算を しましょう。

【1もん 6てん】

①
```
  8 5
＋ 1 4
```

③
```
  5 5
＋ 4 4
```

⑤
```
  6 7
＋ 3 3
```

②
```
  8 5
＋ 1 5
```

④
```
  5 5
＋ 4 5
```

百のくらいに
くり上がる
計算だよ。

① 　45
　　+35

⑤ 　68
　　+22

⑨ 　55
　　+49

② 　65
　　+35

⑥ 　68
　　+32

⑩ 　39
　　+67

③ 　65
　　+36

⑦ 　68
　　+33

⑪ 　28
　　+79

④ 　59
　　+41

⑧ 　57
　　+43

⑫ 　18
　　+86

まちがえた　もんだいは　なおしを　しよう！

月 日

てん

1 ひっ算を しましょう。 【1もん 5てん】

①
百のくらい	十のくらい	一のくらい
	9	0
＋	1	0
		0

❶ 0＋0＝0

❷ 十のくらいは

9＋1＝10

百のくらいに 1 くり上げる。

②
百のくらい	十のくらい	一のくらい
	9	0
＋	2	3
		3

❶ 0＋3＝3

❷ 十のくらいは

9＋2＝11

百のくらいに 1 くり上げる。

2 ひっ算を しましょう。 【1もん 5てん】

①
```
  8 0
＋ 2 0
```

②
```
  4 0
＋ 8 0
```

③
```
  9 0
＋ 6 0
```

④
```
  8 2
＋ 2 0
```

⑤
```
  6 0
＋ 5 2
```

⑥
```
  7 5
＋ 5 0
```

百のくらいに くり上がる 計算だよ。

3 ひっ算を しましょう。 【1もん 5てん】

① 80
 +50

② 30
 +70

③ 33
 +80

④ 50
 +94

⑤ 92
 +12

⑥ 83
 +21

⑦ 76
 +43

⑧ 61
 +67

⑨ 54
 +73

⑩ 45
 +82

⑪ 52
 +91

⑫ 62
 +74

まちがえた ところは なおしを しよう！

ひっ算を しましょう。 【1もん 8てん】

①
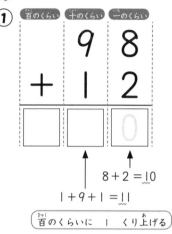

②
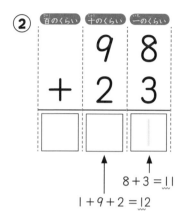

百のくらいに 1 くり上げる

一のくらいから 十のくらいに，十のくらいから 百のくらい
に くり上がりが あるよ。

ひっ算を しましょう。 【1もん 8てん】

①
```
  85
+ 20
```

②
```
  85
+ 25
```

③
```
  95
+ 25
```

くり上がった 1 を わすれないでね。
うらの もんだいも ガンバッテ！

3 ひっ算を しましょう。

① 　 6 3
　 ＋ 2 0
　────────

② 　 6 3
　 ＋ 4 2
　────────

③ 　 6 3
　 ＋ 4 8
　────────

④ 　 6 3
　 ＋ 5 8
　────────

⑤ 　 2 7
　 ＋ 8 1
　────────

⑥ 　 2 7
　 ＋ 8 6
　────────

⑦ 　 5 8
　 ＋ 4 5
　────────

⑧ 　 7 8
　 ＋ 4 5
　────────

⑨ 　 7 8
　 ＋ 5 2
　────────

⑩ 　 7 5
　 ＋ 3 6
　────────

⑪ 　 6 6
　 ＋ 4 6
　────────

⑫ 　 6 9
　 ＋ 9 2
　────────

> 十のくらいと 百のくらいに
> くり上がる 計算だよ。

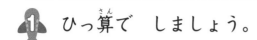

てん

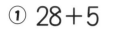 **1** ひっ算で しましょう。 【1もん 5てん】

① 28＋5

② 33＋27

③ 50＋66

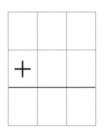 ＋

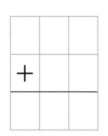 ＋

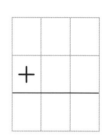 ＋

 **2** ひっ算を しましょう。 【1もん 5てん】

①
```
   5 3
＋ 3 0
```

③
```
   4 5
＋ 3 5
```

⑤
```
   6 0
＋ 4 1
```

②
```
   2 0
＋ 4 2
```

④
```
   3 7
＋ 3 4
```

たし算の
まとめだよ。
うらも
がんばろう！

3 ひっ算を しましょう。

① 56
+30

② 28
+90

③ 41
+83

④ 87
+50

⑤ 83
+17

⑥ 24
+78

⑦ 56
+49

⑧ 62
+39

⑨ 49
+64

⑩ 44
+76

⑪ 83
+58

⑫ 96
+75

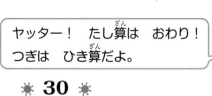

ヤッター！ たし算は おわり！
つぎは ひき算だよ。

※ **30** ※

月　日

てん

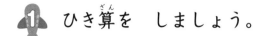

1 ひき算を しましょう。 【1もん 5てん】

① 9 − 5 =

② 10 − 9 =

③ 10 − 6 =

④ 11 − 9 =

⑤ 11 − 7 =

⑥ 12 − 8 =

⑦ 12 − 6 =

⑧ 13 − 9 =

⑨ 13 − 6 =

⑩ 13 − 8 =

くり下がる ひき算は おぼえて いるかな？

2 答えが 5に なるように □に 数を 書きましょう。

① 12−□

③ 13−□

② □−5

④ □−6

 3 ひき算を しましょう。

① 11−5＝

④ 12−5＝

② 11−3＝

⑤ 12−4＝

③ 13−5＝

⑥ 13−4＝

まちがえた ところは
なおしてね！

月 日

てん

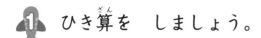

ひき算を しましょう。

【1もん 5てん】

① 10 − 8 =

② 14 − 8 =

③ 14 − 9 =

④ 14 − 7 =

⑤ 15 − 9 =

⑥ 15 − 8 =

⑦ 15 − 7 =

⑧ 16 − 8 =

⑨ 16 − 7 =

⑩ 17 − 8 =

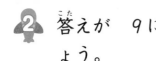 **2** 答えが 9に なるように □に 数を 書きましょう。

【1もん 5てん】

① $14 - \square$

② $\square - 8$

③ $15 - \square$

④ $\square - 7$

3 ひき算を しましょう。

【1もん 5てん】

① $15 - 5 =$

② $20 - 10 =$

③ $16 - 2 =$

④ $17 - 6 =$

⑤ $18 - 5 =$

⑥ $19 - 7 =$

ひき算の ふく習は おわり！
つぎは ひっ算の れんしゅうを しよう！

18 10いくつー 1けた

てん

1 □に あう 数を 書き, ひっ算を しましょう。

【□1つ 5てん】

〔ひっ算〕

① $9 - 4 = \boxed{}$

一のくらい

$$\begin{array}{r} 9 \\ - 4 \\ \hline \boxed{} \end{array}$$

9と 4を
たてに そろ
えて 書くよ。

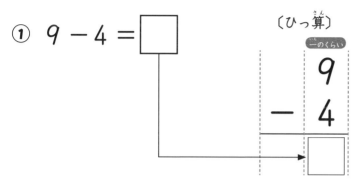

② $10 - 4 = \boxed{}$

十のくらい 一のくらい

$$\begin{array}{r} 1\ 0 \\ -\ \ 4 \\ \hline \boxed{} \end{array}$$

くらいを
そろえて
書くよ。

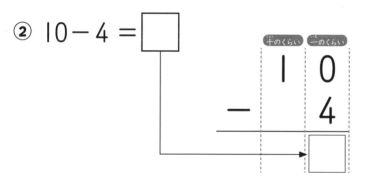

③ $11 - 4 = \boxed{}$

十のくらい 一のくらい

$$\begin{array}{r} 1\ 1 \\ -\ \ 4 \\ \hline \boxed{} \end{array}$$

うらの
もんだいを
やってみよう。

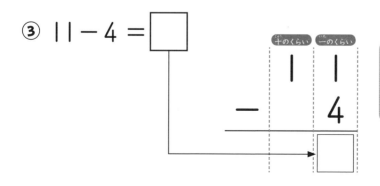

2 ひっ算を しましょう。 　　　　【1もん　7てん】

① 　　1 0
　　－ 　6
　　　　□

② 　　1 0
　　－ 　8
　　　　□

③ 　　1 1
　　－ 　3
　　　　□

④ 　　1 1
　　－ 　5

⑤ 　　1 2
　　－ 　1
　　　□ □

⑥ 　　1 2
　　－ 　2

⑦ 　　1 2
　　－ 　3

⑧ 　　1 5
　　－ 　3

⑨ 　　1 5
　　－ 　5

⑩ 　　1 5
　　－ 　7

ひっ算は
くらいを
そろえて
書くよ！

1 ひっ算を しましょう。

【1もん 8てん】

①
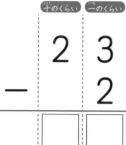

十のくらい 一のくらい

2 3
− 　 2

❶一のくらいは
3−2＝1

❷十のくらいは
2を おろす。

②
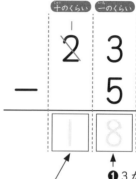

十のくらい 一のくらい

2 3
− 　 5

❷一のくらいに
1 くり下げた
ので 2を
1に なおす。

❶3から5は
ひけないので

十のくらいから
1 くり下げる。

一のくらいは
13−5＝8

> ひき算の ひっ算は, くらいを たてに そろえて 書き,
> 一のくらいから くらいごとに 計算を するよ。

2 ひっ算を しましょう。

【1もん 6てん】

①
```
  1 2
−   4
─────
```

②
```
  2 2
−   4
─────
```

③
```
  2 0
−   5
─────
```

うらの もんだいも
がんばろう！

3 ひっ算を しましょう。

① 　14
　 − 9

② 　14
　 − 6

③ 　24
　 − 6

④ 　24
　 − 5

⑤ 　11
　 − 3

⑥ 　21
　 − 3

⑦ 　13
　 − 4

⑧ 　23
　 − 4

⑨ 　15
　 − 7

⑩ 　25
　 − 8

⑪ 　26
　 − 9

ひっ算の
やりかたを
おぼえよう！

20 2けた−1けた

てん

1 ひっ算を しましょう。

【1もん 5てん】

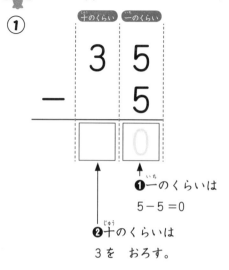

①
十のくらい 一のくらい

$$3\ 5$$
$$-\quad 5$$

□ 0

❶一のくらいは
5−5＝0

❷十のくらいは
3を おろす。

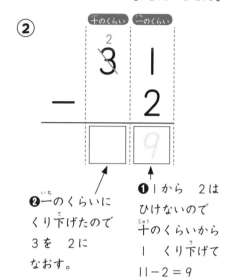

②
十のくらい 一のくらい

$$3\ 1$$
$$-\quad 2$$

□ 9

❷一のくらいに
くり下げたので
3を 2に
なおす。

❶ 1から 2は
ひけないので
十のくらいから
1 くり下げて
11−2＝9

2 ひっ算を しましょう。

【1もん 4てん】

①
$$11$$
$$-\ \ 3$$

③
$$31$$
$$-\ \ 3$$

⑤
$$33$$
$$-\ \ 4$$

②
$$21$$
$$-\ \ 3$$

④
$$41$$
$$-\ \ 3$$

⑥
$$43$$
$$-\ \ 4$$

3 ひっ算を しましょう。 【1もん 6てん】

① 15
 − 6

⑤ 22
 − 3

⑨ 26
 − 8

② 25
 − 6

⑥ 32
 − 3

⑩ 46
 − 8

③ 35
 − 5

⑦ 42
 − 6

⑪ 76
 − 9

④ 35
 − 8

⑧ 52
 − 5

2けた−1けたの
計算は おわり！
よく がんばったね。

1 ひっ算を しましょう。

【1もん 5てん】

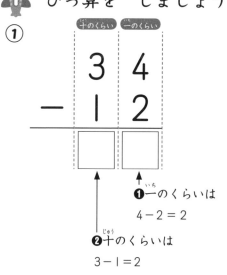

①
十のくらい 一のくらい

3 4
− 1 2

❶一のくらいは
4−2＝2

❷十のくらいは
3−1＝2

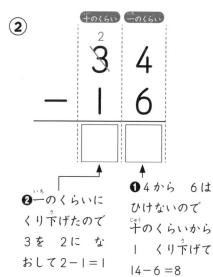

②
十のくらい 一のくらい

3 4
− 1 6

❷一のくらいに
くり下げたので
3を 2に な
おして2−1＝1

❶4から 6は
ひけないので
十のくらいから
1 くり下げて
14−6 ＝8

2 ひっ算を しましょう。

【1もん 6てん】

①　　35
　　−12

③　　33
　　−13

⑤　　50
　　−16

②　　47
　　−12

④　　30
　　−13

くり下がりに
気をつけよう。

3 ひっ算を しましょう。

① 　24
　 −13

⑤ 　30
　 − 4

⑨ 　32
　 − 6

② 　36
　 −11

⑥ 　30
　 −14

⑩ 　32
　 −16

③ 　47
　 −14

⑦ 　60
　 −14

⑪ 　42
　 −18

④ 　58
　 −16

⑧ 　60
　 −18

⑫ 　72
　 −15

1 ひっ算を しましょう。

【1もん 5てん】

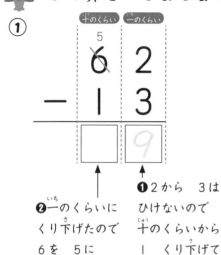

①
十のくらい | 一のくらい

$$\begin{array}{r} 6\!\!\!/\,{}^{5} \quad 2 \\ -\quad 1 \quad 3 \\ \hline \qquad 9 \end{array}$$

❷一のくらいに くり下げたので 6を 5に なおす。

❶2から 3は ひけないので 十のくらいから 1 くり下げて 12-3 = 9

②
十のくらい | 一のくらい

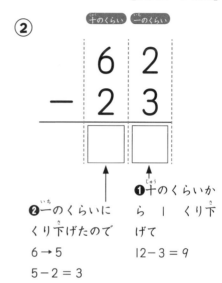

$$\begin{array}{r} 6 \quad 2 \\ -\quad 2 \quad 3 \\ \hline \qquad \end{array}$$

❷一のくらいに くり下げたので 6→5 5-2 = 3

❶十のくらいか ら 1 くり下 げて 12-3 = 9

2 ひっ算を しましょう。

【1もん 4てん】

①
$$\begin{array}{r} 5 \ 4 \\ -\quad 5 \\ \hline \end{array}$$

③
$$\begin{array}{r} 6 \ 1 \\ -\ 1 \ 1 \\ \hline \end{array}$$

⑤
$$\begin{array}{r} 4 \ 3 \\ -\ 1 \ 7 \\ \hline \end{array}$$

②
$$\begin{array}{r} 5 \ 4 \\ -\ 2 \ 5 \\ \hline \end{array}$$

④
$$\begin{array}{r} 6 \ 1 \\ -\ 2 \ 2 \\ \hline \end{array}$$

⑥
$$\begin{array}{r} 4 \ 3 \\ -\ 2 \ 7 \\ \hline \end{array}$$

3 ひっ算を しましょう。 【1もん 6てん】

① 53
 −21

② 53
 −24

③ 53
 −26

④ 53
 −29

⑤ 66
 −24

⑥ 66
 −36

⑦ 75
 −28

⑧ 75
 −39

⑨ 80
 −22

⑩ 80
 −34

⑪ 84
 −35

> くり下がった
> 十のくらいの
> 数を なおして
> 計算しよう。

1 ひっ算を しましょう。

【1もん 5てん】

① 　30
　−18

④ 　50
　−13

⑦ 　44
　−34

② 　35
　−26

⑤ 　52
　−28

⑧ 　44
　−16

③ 　45
　−39

⑥ 　52
　−37

⑨ 　44
　−29

うらの もんだいも
がんばって！

2 ひっ算を しましょう。　　　【1もん 5てん】

① 　65
　−27

⑤ 　41
　−22

⑨ 　80
　−57

② 　65
　−30

⑥ 　51
　−33

⑩ 　82
　−64

③ 　65
　−45

⑦ 　72
　−45

⑪ 　92
　−77

④ 　65
　−56

⑧ 　74
　−69

これで　2けたの
ひき算は　おわり！
よく　がんばったね！
つぎは　3けたの
数の　ひき算に
ちょうせんしよう。

① ひっ算を しましょう。 【1もん 10てん】

①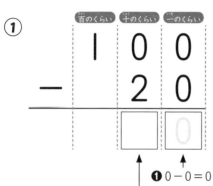

❷0から 2は ひけな
いので 百のくらいから
1 くり下げて 10-2

❶0-0=0

②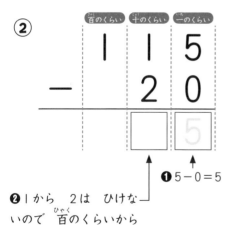

❷1から 2は ひけな
いので 百のくらいから
1 くり下げて 11-2

❶5-0=5

③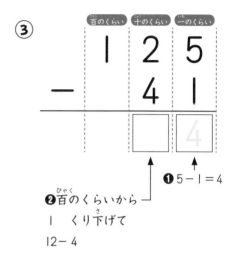

❷百のくらいから
1 くり下げて
12-4

❶5-1=4

④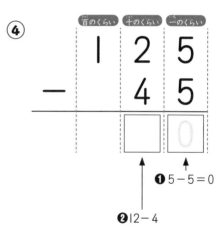

❷12-4

❶5-5=0

百のくらいから くり下がる 計算だよ。

② ひっ算を しましょう。

①
```
  1 0 0
-   2 0
```

②
```
  1 0 0
-   4 0
```

③
```
  1 1 0
-   2 0
```

④
```
  1 1 0
-   5 0
```

⑤
```
  1 2 0
-   3 0
```

⑥
```
  1 2 8
-   4 0
```

⑦
```
  1 2 8
-   5 0
```

⑧
```
  1 3 6
-   5 0
```

⑨
```
  1 2 7
-   4 3
```

⑩
```
  1 2 7
-   5 3
```

⑪
```
  1 3 5
-   4 3
```

⑫
```
  1 3 5
-   8 3
```

一のくらいから くらいごとに 計算しよう。

月 日

てん

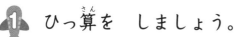

ひっ算を しましょう。

【1もん 10てん】

①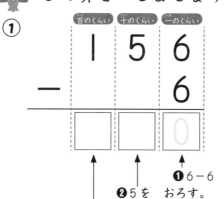

百のくらい | 十のくらい | 一のくらい

1 5 6
− 　 6

❶6−6 おろす。

❷5を おろす。

❸1を おろす。

②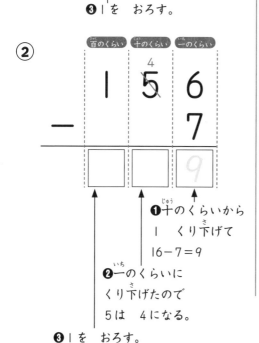

百のくらい | 十のくらい | 一のくらい

1 5⁴ 6
− 　 7
　　　9

❶十のくらいから 1 くり下げて 16−7＝9

❷一のくらいに くり下げたので 5は 4になる。

❸1を おろす。

③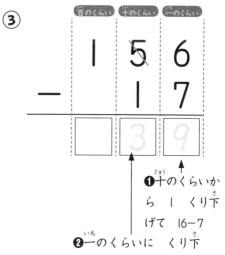

百のくらい | 十のくらい | 一のくらい

1 5̸ 6
− 1 7
　3 9

❶十のくらいから 1 くり下げて 16−7

❷一のくらいに くり下げたので 5は 4に なって 4−1＝3

④

百のくらい | 十のくらい | 一のくらい

1 6 6
− 2 9

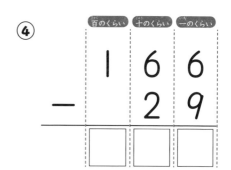

十のくらいから くり下がる 計算だよ。

2 ひっ算を しましょう。 　　　　　　　　　【1もん　5てん】

①
$$
\begin{array}{r}
146 \\
-3 \\
\hline
\end{array}
$$

②
$$
\begin{array}{r}
159 \\
-7 \\
\hline
\end{array}
$$

③
$$
\begin{array}{r}
164 \\
-4 \\
\hline
\end{array}
$$

④
$$
\begin{array}{r}
130 \\
-9 \\
\hline
\end{array}
$$

⑤
$$
\begin{array}{r}
113 \\
-5 \\
\hline
\end{array}
$$

⑥
$$
\begin{array}{r}
122 \\
-6 \\
\hline
\end{array}
$$

⑦
$$
\begin{array}{r}
130 \\
-17 \\
\hline
\end{array}
$$

⑧
$$
\begin{array}{r}
124 \\
-17 \\
\hline
\end{array}
$$

⑨
$$
\begin{array}{r}
145 \\
-19 \\
\hline
\end{array}
$$

⑩
$$
\begin{array}{r}
137 \\
-29 \\
\hline
\end{array}
$$

⑪
$$
\begin{array}{r}
153 \\
-28 \\
\hline
\end{array}
$$

⑫
$$
\begin{array}{r}
166 \\
-37 \\
\hline
\end{array}
$$

くり下がったら　十のくらいの
数を　なおしておくと　いいよ。

3けたの 数の ひき算 ③

月　日

てん

1 120−31の ひっ算の しかたを 考えます。
□に あう 数を 書きましょう。　【1もん 8てん】

① 一のくらいの 計算

② 十のくらいの 計算

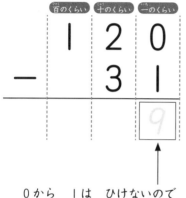

0から 1は ひけないので
十のくらいから 1 くり下げて
10−1＝9

くり下げたので 2は
1に なっている。
百のくらいから 1 くり下
げて 11−3＝8

2 ひっ算を しましょう。　【1もん 8てん】

①
```
  126
-  36
```

②
```
  126
-  37
```

③
```
  126
-  58
```

十のくらいと 百のくらいから くり下がるよ。
くり下がりに 気をつけてね。

3 ひっ算を しましょう。

①
```
  124
-  44
```

②
```
  124
-  45
```

③
```
  135
-  55
```

④
```
  145
-  56
```

⑤
```
  132
-  42
```

⑥
```
  132
-  43
```

⑦
```
  143
-  64
```

⑧
```
  143
-  65
```

⑨
```
  150
-  71
```

⑩
```
  113
-  55
```

⑪
```
  144
-  79
```

⑫
```
  163
-  97
```

まちがえた ところは なおしを しよう！

1 100−9の ひっ算の しかたを 考えます。
□に あう 数を 書きましょう。 【5てん】

> 十のくらいから くり下げられないので,
> 百のくらいから くり下げます。

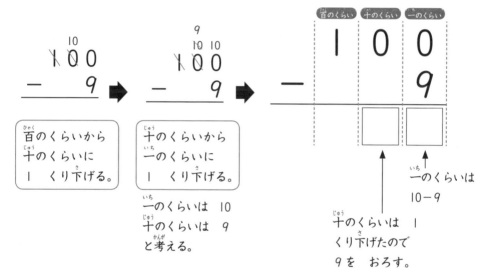

百のくらいから
十のくらいに
1 くり下げる。

十のくらいから
一のくらいに
1 くり下げる。

一のくらいは 10
十のくらいは 9
と考える。

百のくらい 十のくらい 一のくらい

十のくらいは 1
くり下げたので
9を おろす。

一のくらいは
10−9

2 ひっ算を しましょう。 【1もん 5てん】

① 100
− 3

② 100
− 4

③ 100
− 8

3 ひっ算を　しましょう。

①
```
  100
-   5
```

②
```
  100
-  15
```

③
```
  100
-   7
```

④
```
  100
-  17
```

⑤
```
  102
-   4
```

⑥
```
  102
-  14
```

⑦
```
  102
-  24
```

⑧
```
  104
-  17
```

⑨
```
  104
-  37
```

⑩
```
  104
-  56
```

> くり下がりが
> 2かい　つづくね。
> できるように
> なったかな？

28 ひき算の まとめ

1 ひっ算を しましょう。

【1もん 5てん】

①
```
   17
-   8
```

②
```
   25
-   9
```

③
```
   41
-   6
```

④
```
   53
- 33
```

⑤
```
   30
- 17
```

⑥
```
   36
- 29
```

⑦
```
   46
- 18
```

⑧
```
   75
- 46
```

⑨
```
   73
- 68
```

2けたの ひき算は おわり！
つぎは 3けたの ふくしゅうを
しよう！

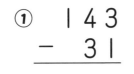

2　ひっ算を　しましょう。

① 　143
　 − 　31

⑤ 　136
　 − 　40

⑨ 　110
　 − 　26

② 　130
　 − 　20

⑥ 　127
　 − 　73

⑩ 　127
　 − 　48

③ 　120
　 − 　50

⑦ 　135
　 − 　18

⑪ 　101
　 − 　18

④ 　110
　 − 　70

⑧ 　154
　 − 　27

ヤッター！
これで　ひき算は　おわり！
よく　がんばったね！

こたえ 小学2年生 2けたの たし算・ひき算

1 たし算の あん算 ①
P1・2

1
① 4
② 5
③ 6
④ 5
⑤ 6
⑥ 6
⑦ 6
⑧ 7
⑨ 8
⑩ 9

2
① 9
② 3
③ 5
④ 8
⑤ 4

3
① 8
② 8
③ 10
④ 10
⑤ 9
⑥ 10

2 たし算の あん算 ②
P3・4

1
① 10
② 11
③ 10
④ 11
⑤ 12
⑥ 10
⑦ 11
⑧ 13
⑨ 12
⑩ 12

2

8 + 3	ー	9 + 2
9 + 3	⨉	8 + 5
7 + 6		7 + 5

3
① 11
② 11
③ 14
④ 13
⑤ 13
⑥ 12

3 たし算の あん算 ③
P5・6

1
① 10
② 11
③ 12
④ 10
⑤ 12
⑥ 14
⑦ 10
⑧ 12
⑨ 13
⑩ 13

2

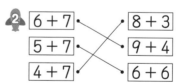

6 + 7		8 + 3
5 + 7		9 + 4
4 + 7		6 + 6

3
① 10
② 13
③ 12
④ 13
⑤ 12
⑥ 14

☀ **57** ☀

4 たし算の あん算 ④
P7・8

1
① 12　　　⑥ 15
② 13　　　⑦ 16
③ 14　　　⑧ 16
④ 14　　　⑨ 17
⑤ 15　　　⑩ 16

2
① 12　　　④ 16
② 14　　　⑤ 19
③ 16

3
① 20　　　④ 70
② 40　　　⑤ 90
③ 70

5 10いくつ＋1けた ①
P9・10

1
① 6, 6
② 12, 12
③ 16, 16

2
```
①   12     ②   16     ③    6
   + 3        + 3       +13
   ─────      ─────     ─────
    15         19        19
```

3
① 11　　③ 15　　⑤ 19
② 14　　④ 18　　⑥ 18

6 くり上がりの ない 2けたの たし算
P11・12

1
```
①    20     ②    21
    +10         +10
    ────        ────
    30          31
```

2
```
①    23     ②    35
    +14         +41
    ────        ────
    37          76
```

3
① 34　　⑤ 80　　⑨ 33
② 39　　⑥ 50　　⑩ 47
③ 55　　⑦ 90　　⑪ 56
④ 50　　⑧ 90　　⑫ 89

7 10いくつ＋1けた ②
P13・14

1
```
①   18   ②   18   ③   18
   + 2      + 2      + 2
   ────     ────     ────
            0        20
```

2
```
①   18       ②   15
   + 4          + 5
   ────         ────
    22           20
```

3
```
①   18   ②   16   ③    6
   + 3      + 5      +15
   ────     ────     ────
    21       21       21
```

4
① 21　　③ 22　　⑤ 21
② 20　　④ 22　　⑥ 23

☀ **58** ☀

8 2けた＋1けた
P15・16

1

① 19
　+　3
　[2][2]

③ 　9
　+43
　[5][2]

② 29
　+　3
　[3][2]

④ 40

⑤ 51

2

① 32　　⑤ 56　　⑧ 61
② 31　　⑥ 63　　⑨ 54
③ 33　　⑦ 92　　⑩ 84
④ 41

9 2けた＋2けた ①
P17・18

1

① 19
　+14
　[3][3]

③ 15
　+15
　[3][0]

② 29
　+14
　[4][3]

④ 40

⑤ 32

2

① 20　　⑤ 29　　⑨ 31
② 30　　⑥ 30　　⑩ 32
③ 32　　⑦ 31　　⑪ 42
④ 30　　⑧ 41　　⑫ 45

10 2けた＋2けた ②
P19・20

1

① 29
　+23
　[5][2]

② 49
　+23
　[7][2]

2

① 32　　③ 42　　⑤ 62
② 62　　④ 72　　⑥ 72

3

① 41　　⑤ 35　　⑨ 30
② 51　　⑥ 45　　⑩ 50
③ 61　　⑦ 55　　⑪ 58
④ 71　　⑧ 65　　⑫ 88

11 2けた＋2けた ③
P21・22

1

① 27　　⑤ 40　　⑧ 62
② 39　　⑥ 50　　⑨ 73
③ 87　　⑦ 70　　⑩ 73
④ 60

2

① 78　　⑤ 41　　⑨ 70
② 80　　⑥ 51　　⑩ 84
③ 81　　⑦ 61　　⑪ 84
④ 92　　⑧ 71　　⑫ 98

12 2けた ＋ 2けた ④
P23・24

1
①
```
  89
+ 11
─────
 100
```
②
```
  89
+ 12
─────
 101
```

2
① 99 ③ 99 ⑤ 100
② 100 ④ 100

3
① 80 ⑤ 90 ⑨ 104
② 100 ⑥ 100 ⑩ 106
③ 101 ⑦ 101 ⑪ 107
④ 100 ⑧ 100 ⑫ 104

13 2けた ＋ 2けた ⑤
P25・26

1
①
```
  90
+ 10
─────
 100
```
②
```
  90
+ 23
─────
 113
```

2
① 100 ③ 150 ⑤ 112
② 120 ④ 102 ⑥ 125

3
① 130 ⑤ 104 ⑨ 127
② 100 ⑥ 104 ⑩ 127
③ 113 ⑦ 119 ⑪ 143
④ 144 ⑧ 128 ⑫ 136

14 2けた ＋ 2けた ⑥
P27・28

1
①
```
  98
+ 12
─────
 110
```
②
```
  98
+ 23
─────
 121
```

2
① 105 ② 110 ③ 120

3
① 83 ⑤ 108 ⑨ 130
② 105 ⑥ 113 ⑩ 111
③ 111 ⑦ 103 ⑪ 112
④ 121 ⑧ 123 ⑫ 161

15 たし算の まとめ
P29・30

1
①
```
  28
+  5
────
 33
```
②
```
  33
+27
────
 60
```
③
```
  50
+66
────
 116
```

2
① 83 ③ 80 ⑤ 101
② 62 ④ 71

3
① 86 ⑤ 100 ⑨ 113
② 118 ⑥ 102 ⑩ 120
③ 124 ⑦ 105 ⑪ 141
④ 137 ⑧ 101 ⑫ 171

16 ひき算の あん算 ①
P31・32

1 ① 4 ⑥ 4
② 1 ⑦ 6
③ 4 ⑧ 4
④ 2 ⑨ 7
⑤ 4 ⑩ 5

2 ① 7 ③ 8
② 10 ④ 11

3 ① 6 ④ 7
② 8 ⑤ 8
③ 8 ⑥ 9

17 ひき算の あん算 ②
P33・34

1 ① 2 ⑥ 7
② 6 ⑦ 8
③ 5 ⑧ 8
④ 7 ⑨ 9
⑤ 6 ⑩ 9

2 ① 5 ③ 6
② 17 ④ 16

3 ① 10 ④ 11
② 10 ⑤ 13
③ 14 ⑥ 12

18 10いくつ − 1けた
P35・36

1 ① 5, 5
② 6, 6
③ 7, 7

2 ① 4 ⑤ 11 ⑧ 12
② 2 ⑥ 10 ⑨ 10
③ 8 ⑦ 9 ⑩ 8
④ 6

19 20いくつ − 1けた
P37・38

1 ①
$$\begin{array}{r} 2\,3 \\ -\ \ 2 \\ \hline \boxed{2\,1} \end{array}$$
②
$$\begin{array}{r} 2\,3 \\ -\ \ 5 \\ \hline \boxed{1\,8} \end{array}$$

2 ①
$$\begin{array}{r} 1\,2 \\ -\ \ 4 \\ \hline \boxed{8} \end{array}$$
②
$$\begin{array}{r} 2\,2 \\ -\ \ 4 \\ \hline \boxed{1\,8} \end{array}$$
③
$$\begin{array}{r} 2\,0 \\ -\ \ 5 \\ \hline \boxed{1\,5} \end{array}$$

3 ① 5 ⑤ 8 ⑨ 8
② 8 ⑥ 18 ⑩ 17
③ 18 ⑦ 9 ⑪ 17
④ 19 ⑧ 19

20 2けた − 1けた
P39・40

① 　　35
　　−　5
　　[3][0]

② 　　3¹1
　　−　2
　　[2][9]

2
① 8 　│③ 28 　│⑤ 29
② 18 　│④ 38 　│⑥ 39

3
① 9 　│⑤ 19 　│⑨ 18
② 19 　│⑥ 29 　│⑩ 38
③ 30 　│⑦ 36 　│⑪ 67
④ 27 　│⑧ 47

21 2けたの数のひき算 ①
P41・42

① 　　34
　　−12
　　[2][2]

② 　　3²4
　　−16
　　[1][8]

2
① 23 　│③ 20 　│⑤ 34
② 35 　│④ 17

3
① 11 　│⑤ 26 　│⑨ 26
② 25 　│⑥ 16 　│⑩ 16
③ 33 　│⑦ 46 　│⑪ 24
④ 42 　│⑧ 42 　│⑫ 57

22 2けたの数のひき算 ②
P43・44

① 　　6⁵2
　　−13
　　[4][9]

② 　　6⁵2
　　−23
　　[3][9]

2
① 49 　│③ 50 　│⑤ 26
② 29 　│④ 39 　│⑥ 16

3
① 32 　│⑤ 42 　│⑨ 58
② 29 　│⑥ 30 　│⑩ 46
③ 27 　│⑦ 47 　│⑪ 49
④ 24 　│⑧ 36

23 2けたの数のひき算 ③
P45・46

1
① 12 　│④ 37 　│⑦ 10
② 9 　│⑤ 24 　│⑧ 28
③ 6 　│⑥ 15 　│⑨ 15

2
① 38 　│⑤ 19 　│⑨ 23
② 35 　│⑥ 18 　│⑩ 18
③ 20 　│⑦ 27 　│⑪ 15
④ 9 　│⑧ 5

24 3けたの 数の ひき算 ①　P47・48

1

①
```
  1 0 0
-   2 0
  8 0
```

③
```
  1 2 5
-   4 1
  8 4
```

②
```
  1 1 5
-   2 0
  9 5
```

④
```
  1 2 5
-   4 5
  8 0
```

2
① 80　⑤ 90　⑨ 84
② 60　⑥ 88　⑩ 74
③ 90　⑦ 78　⑪ 92
④ 60　⑧ 86　⑫ 52

25 3けたの 数の ひき算 ②　P49・50

1

①
```
  1 5 6
-     6
  1 5 0
```

③
```
  1 5⁴6
-   1 7
  1 3 9
```

②
```
  1 5⁴6
-     7
  1 4 9
```

④
```
  1 6⁵6
-   2 9
  1 3 7
```

2
① 143　⑤ 108　⑨ 126
② 152　⑥ 116　⑩ 108
③ 160　⑦ 113　⑪ 125
④ 121　⑧ 107　⑫ 129

26 3けたの 数の ひき算 ③　P51・52

1

①
```
  1 2 0
-   3 1
    9
```

②
```
  1 2⁰0
-   3 1
  8 9
```

2
① 90　② 89　③ 68

3
① 80　⑤ 90　⑨ 79
② 79　⑥ 89　⑩ 58
③ 80　⑦ 79　⑪ 65
④ 89　⑧ 78　⑫ 66

27 3けたの 数の ひき算 ④　P53・54

1

```
  1 0 0
-     9
  9 1
```

2
① 97　② 96　③ 92

3
① 95　⑤ 98　⑧ 87
② 85　⑥ 88　⑨ 67
③ 93　⑦ 78　⑩ 48
④ 83

1
① 9
② 16
③ 35
④ 20
⑤ 13
⑥ 7
⑦ 28
⑧ 29
⑨ 5

2
① 112
② 110
③ 70
④ 40
⑤ 96
⑥ 54
⑦ 117
⑧ 127
⑨ 84
⑩ 79
⑪ 83

ウェブサイト でも 郵便はがき でも OK！
お客さまの声をお聞かせください！

郵便はがき 今後の商品開発や改訂の参考にとせていただきますので、「郵便はがき」にて、本商品に対するお声をお聞かせください。率直なご意見・ご感想をお待ちらしております。

※郵便はがきアンケートをご返送いただいた場合、図書カードが当選する抽選の対象となります。

抽選で毎月100名様に[図書カード1000円分]をプレゼント！

── 《くもん出版の商品情報はこちら》 ──

くもん出版では、乳幼児、幼児向けの玩具・絵本・ドリルから、小中学生向けの児童書・学習参考書、一般向けの教育書や大人のドリルまで、幅広い商品ラインナップを取り揃えております。詳しくお知りになりたいお客さまは、ウェブサイトをご覧ください。

〈くもん出版ウェブサイト〉
https://www.kumonshuppan.com

〈くもん出版直営の通信販売サイトもございます。〉

くもん出版 [検索]

Kumon shop [検索]

「お客さまアンケート」個人情報保護について

「お客さまアンケート」にご記入いただいたお客さまの個人情報は、以下の目的のみに使用し、他の目的には一切使用いたしません。
①弊社内での商品企画の参考にさせていただくため
②当選者の方へ「図書カード」をお届けするため
③ご希望の方へ、公文式教室への入会や、先生になるための資料をお届けするため
・資料の送付、公文式教室へのご入会に関しては公文教育研究会からご案内させていただきます。
なお、お客さまの個人情報の訂正・削除につきましては、下記の窓口にて承り付けいたします。

〈くもん出版お客さま係〉
0120-373-415（受付時間 月〜金 9:30〜17:30 祝日除く）
東京都港区高輪4-10-18 京急第1ビル13F
E-mail info@kumonshuppan.com

─ きりとり線 ─

郵 便 は が き

料金受取人払郵便

高輪局承認

3586

差出有効期間
2023年1月
31日まで

[切手を貼らずに
ご投函ください。]

108-8790

414

東京都港区高輪4-10-18
京急第1ビル 13F

（株）**くもん出版**
お客さま係 行

フリガナ	
お名前	
ご住所	〒□□□-□□□□　都道府県　　　　区市郡
ご連絡先	TEL　（　　　）
Eメール	@

● 「公文教室」へのご関心についてお聞かせください ●
1. すでに入会している　2. 以前通っていた　3. 入会資料がほしい　4. 今は関心がない

● 「公文式教室の先生になることにご関心のある方へ ●
ホームページからお問い合わせいただけます → 〈くもんの先生〉[検索]
資料送付ご希望の方は○をご記入ください・・・希望する（　　）
資料送付の際のお宛名　　　　　　　　　　　　　　ご年齢（　　）歳

「じょうずに選んで じょうずに使う」
＜もんの小学参特設サイト＞

選んで、使って、いかがでしたか？
ウェブサイトへレビューをお寄せください

ウェブサイト＜もんの出版ウェブサイト（小学参特設サイト）の「お客さまレビュー」では、＜もんのドリルや問題集を使ってみた感想を募集しています。どうかご協力をお願い申し上げます。

＜もんの小学参特設サイトには
こんなコンテンツが…

・カンタン診断
・お客さまレビュー
・マンガで解説！＜もんのドリルのひみつ

こちらから →

＜ご注意ください＞
・「お客さまレビュー」（ウェブサイトに投稿）は、アンケート内容や個人情報の取り扱いが異なります。

	図書カードの当たる抽選	個人情報	感想
はがき	対象	氏名・住所等 記入欄あり	非公開（商品開発・サービスの参考にさせていただきます）
ウェブサイト	対象外	メールアドレス以外不要	公開（＜もんの出版小学参特設サイト上に掲載されます）

・ウェブサイトの「お客さまレビュー」は、1冊につき1投稿でのお願いいたします。
・「はがき」での回答と「ウェブサイト」への投稿は両方お出しいただくことが可能です。
・ご投稿いただいた「お客さまレビュー」は、掲載までにお時間がかかる場合があります。また、弊社運営に反する内容と判断した場合は、掲載を見送らせていただきます。

57304 ［にがてないじ算数② 2年2けたのたし算・ひき算］

ご記入日（　　　年　　　月）
お子さまの年齢・性別（　　　歳　　　ヶ月）　　　男 ／ 女

この商品についてのご意見、ご感想をお聞かせください。

よかった点や、できるようになったことなど

よくなかった点や、つまずいた問題など

この本以外でどのような科目や内容をご希望ですか？

Q1 内容面では、いかがでしたか？
1. 期待以上　　2. 期待どおり　　3. どちらともいえない
4. 期待はずれ

Q2 それでは、価格的にみて、いかがでしたか？
1. 十分見合っている　2. 見合っている　3. どちらともいえない
4. 見合っていない　5. まったく見合っていない

Q3 学習のようすは、いかがでしたか？
1. 最後までらくらくできた　2. 時間はかかったが最後までできた
3. 途中でやめてしまった（理由：　　　　　　　　　　　）

Q4 お子さまの習熟度は、いかがでしたか？
1. 力がついて役に立った　2. 期待したほど力がつかなかった

Q5 今後の企画に活用させていただくために、本書のご感想などについて弊社より電話や手紙でのお話をうかがうことはできますか？
1. 情報提供に応じてもよい　　2. 情報提供には応じてもよくない

ご協力どうもありがとうございました。